AF586021

MÉMOIRE

SUR LES

PRAIRIES ARTIFICIELLES,

PAR E. L. FAURE,

Propriétaire, Cultivateur dans le Département des Hautes-Alpes, associé-correspondant de la Société royale d'Agriculture de Paris.

> Point de culture sans engrais,
> Point d'engrais sans prairies artificielles.

A PARIS,

CHEZ { FANTIN, Libraire, quai des Augustins, n°. 55.
Mad. HUZARD, rue de l'Eperon, n.° 7.

1814.

MÉMOIRE
SUR LES
PRAIRIES ARTIFICIELLES.

AVANT-PROPOS.

Idées générales sur l'Agriculture.

La science du laboureur apprend à obtenir constamment de différens sols, sans les épuiser, des produits plus abondans que ceux qu'ils donnent dans l'état de nature : cet art, utile par essence, est l'ensemble des richesses agricoles et des moyens d'en recevoir plus, en conservant, en augmentant même la fertilité de la terre par l'effet des labours, des assolemens et des engrais convenables. Voilà le véritable secret d'une bonne culture ; voilà les principaux anneaux de la chaîne rustique et la solution du problême agricole.

Pour bien le comprendre, ce grand livre

du ciel et de la terre, il faut le consulter, l'étudier, et comme observateur et comme praticien : car quoique la pratique, dans certains cas, puisse se passer de la théorie, elle emprunte toujours de celle-ci des secours bien précieux ; c'est pour cette raison que les grands modèles, en agriculture, ont toujours été ceux, qui, initiés aux sciences et notamment instruits dans la chimie, la botanique, la minéralogie et de tout ce qui se lie et compose l'histoire de la nature, n'ont pas dédaigné, en fixant les vrais principes de l'économie rurale, de manier eux-mêmes la charrue, de se pénétrer de tous les détails et de tous les soins nécessaires aux succès du ménage des champs.

Des connaissances générales en agriculture ne suffisent donc pas, il faut encore bien concevoir, bien traiter et conduire les circonstances caractéristiques des lieux, du sol, du climat, des usages, des habitudes ; tout doit être consulté, pour assurer à ses travaux des résultats solides et durables : et c'est en cela que l'on distingue le cultivateur intelligent, du paresseux et de l'esclave de la routine.

Aussi de quelles récompenses ne sont pas suivis les veilles et les travaux de ces praticiens observateurs, de ces pères nourriciers si estimables, puisque leurs peines ont pour but le bien être de leurs semblables, la plus constante comme la plus solide prospérité des Empires, puisqu'ils trouvent dans leurs pénibles et honorables occupations, et la force du corps et l'indépendance de l'ame, ce bien le plus cher à l'homme. L'air et la vie des champs (on peut le dire) rendent aux passions et à l'esprit le même calme qu'ils procurent aux sens agités; ils portent dans le cœur le même baume qu'ils font circuler dans les veines.

C'est dans la patience que s'exerce l'art du laboureur, c'est par la modération qu'on s'y rend heureux; son annuaire est le cours de morale le plus parfait, parce que toujours il enseigne, toujours il oblige, et qu'il ramène tout aux objets réels, à l'utile, au simple; qu'il interroge sans cesse la nature pour découvrir les trésors de sa bienfaisance.

Il est vrai que pour en jouir de ces trésors, il faut chercher, fouiller dans les entrailles de la terre, combiner entre elles les substances qu'elle renferme, et par leurs mélanges, leur union, leur fermentation, obtenir ces principes de vie, si nécessaires à la végétation des plantes, à leur développement et à leur fécondité.

Cette idée ramène naturellement à celle de l'établissement des prairies artificielles, que l'on doit considérer comme une des principales innovations en agriculture, comme la source des bienfaits sans nombre que nous prodigue cette mère commune.

Il y a à peine un siècle que malgré l'entraînant exemple des praticiens Anglais, les prés artificiels font partie de l'agriculture Française, et ce n'est vraiment que depuis cette époque que notre culture a reçu une extension et des richesses considérables, et pour ainsi dire, une vie, une existence nouvelles.

« Est à souhaiter, disait, il y a 200 ans,
» le bon Olivier de Serres, le plus du do-
» maine être employé en herbages, trop

» n'en pouvant avoir, pour le bien de la » mesnagerie; d'autant plus que, comme » sur un ferme fondement toute l'agricul- » ture s'appuie là-dessus; aussi voit-on, » que moyennant le bétail, tout abonde » en un lieu, tant pour le dernier liquide, » qui sans attente, en sort, que pour les » fumiers, causant abondance de toute sorte » de fruits ».

Cette doctrine salutaire et les expériences sans nombre qu'elle a fait naître, établissent jusqu'à l'évidence la vérité des préceptes de ce père de l'agriculture Française, et la règle certaine de toute bonne administration rurale : cette base fondamentale une fois établie, il est facile de déduire toutes les heureuses conséquences qui en découlent, et d'atteindre le but que je me propose dans cet essai, celui de prouver :

1.° L'indispensable nécessité des prairies artificielles dans le système d'une bonne culture;

2.° De démontrer que dans le nombre des plantes fourrageuses à employer, le trèfle, la luzerne et le sainfoin, semblent tenir le premier rang, et mériter la préférence, au moins pour les climats tempérés de la France, et convenir aux différens terrains que nous possédons, sur-tout si ces plantes vivaces sont cultivées de la manière qui convient à leur prospérité.

PREMIÈRE PARTIE.

Nécessité des prairies artificielles dans le système d'une bonne culture.

Il est reconnu en principe, que la terre se plaît dans la variété de ses productions, qu'elle répugne sur-tout à donner plusieurs récoltes de grains, qu'indépendamment de la variété de sa culture, de la rotation des récoltes, de la diversité de ses fruits, il lui faut des engrais, des sarclages et des labours multipliés.

Il ne suffit pas d'établir en théorie, qu'une plante qui pivote doit succéder à une plante qui trace; que les légumineuses doivent suivre les graminées; que les graminées elles-mêmes fructifient après les défrichemens des prés; ce n'est là qu'une partie de la perfection des champs; il faut en général avoir soin d'éloigner le retour des mêmes productions, et les placer à des intervalles convenables et indiqués.

D'après ces données fondamentales, on peut affirmer qu'il n'y a pas en agriculture de doctrine plus orthodoxe, que celle qui prescrit la formation des prairies artificielles, pour préparer des récoltes vertes, puisqu'il est notoire que cette pratique entraîne avec elle les bienfaits inappréciables de multiplier les bestiaux, les engrais, de débarrasser le sol des plantes nuisibles et parasites, de donner plus de grains et d'augmenter conséquemment les bénéfices du propriétaire et du fermier, de fournir enfin le moyen le plus sûr, le plus efficace, comme le moins dispendieux, d'abolir la déplorable jachère. Un seul de ces bienfaits suffirait sans doute pour déterminer le colon à adopter, à généraliser la culture des plantes fourrageuses; leur réunion me semble le complément des preuves en faveur de ce système de culture et le triomphe de l'art des champs.

Les animaux tiennent à juste titre le premier rang dans l'agriculture, et comme moyens et comme secours, et aussi comme capitaux productifs; ces compagnons de nos travaux font avec raison toute la force, toute la richesse du laboureur; le moyen qui leur donne l'existence, qui les multiplie, qui les fait prospérer, et avec eux le lait, les fromages, les laines, les cuirs, les graisses et l'engrais, doit donc être regardé comme un bienfait sans mesure : or ce moyen prend évidemment sa source et tous ses merveilleux effets dans une culture bien entendue des prés artificiels. Sans fourrages (on le sait), point de puissance qui laboure, point d'engrais qui fertilise; avec des foins et des pâturages, on obtient ces premiers besoins du laboureur, ces ressources qui donnent l'abondance et sur-tout celle des grains.

Il faut considérer l'établissement des prairies comme un prêt dont la terre paie d'abord un gros intérêt en fourrages, et rend ensuite plusieurs fois le capital en grains : c'est donc une erreur de croire que pour obtenir plus de céréales, il faut ensemencer une plus grande quantité de terrain, et ne pas donner plus d'extension à la pratique des substances vertes, qui, loin de nuire à la production des grains, préparent au contraire par la décomposition des feuilles, des insectes, des racines, de nouveaux sucs, des engrais convenables aux défrichemens successifs des prés, de manière à procurer le plus économiquement les récoltes en grains les plus nettes comme les plus productives.

Je dis les plus nettes; car les deux causes qui concourent à l'affaiblissement progressif des récoltes, des grains sur-tout, c'est d'abord l'épuisement des sucs nourriciers, ensuite la multiplication des mauvaises herbes. On peut facilement remédier aux inconvéniens de la première cause, par l'abondance et la qualité des engrais; mais lorsque le sol est en proie jusqu'à un certain point aux influences des plantes nuisibles et épuisantes, il faut, ce qui est bien plus dispendieux, ou des labours répétés, et à des époques convenables, ou la culture des tubercules, racines, légumes, qui, en exigeant une préparation toute particulière, des sarclages riétérés, donnent l'avantage certain de détruire toutes les herbes étrangères, et disposent ainsi le champ pour d'abondantes moissons.

Ce but se trouve ainsi à peu près atteint; mais il l'est bien mieux encore par le systême des prairies artificielles qui, par leur végétation, leur ombre et leurs défrichés, nétoyent bien plus à fond la terre, et la convertissent en vrai terreau et en greniers d'abondance ; de là provient nécessairement une augmentation de valeur et de profit.

La preuve d'une plus forte rente en argent dérive essentiellement des avantages et de la multiplication des produits, résultats immédiats de la culture des foins; car, quels que soient les moyens d'écoulement, de placement des denrées, le fermier est assuré de ses fonds, parce que la vente des bestiaux bien entretenus, celle des grains bien purs et bien nourris, est toujours lucrative et certaine; ce qui n'est pas moins réel, c'est qu'en cultivant, en opérant ainsi, on parvient à faire disparaître le mode destructeur des jachères.

Quelque bonnes que puissent être en agriculture les améliorations partielles, elles ne sauraient long-temps profiter au laboureur, si la cause qui tend à les détruire n'est pas elle-même abolie : je parle de la suppression des jachères. Cet obstacle une fois vaincu, l'agriculture sortira de son berceau avec une énergie et des ressources incalculables : nos rivaux en industrie, les cultivateurs d'*Albion*, nous ont, par leurs utiles procédés et leur exemple, depuis long-temps mis sur la voie d'une alternance continuelle de récoltes améliorantes, sur-tout depuis que des écrivains cultivateurs, des laboureurs capitalistes ont ajouté la pratique au précepte, de manière que, suivant l'expression d'un cultivateur français (1), justement recommandable, *ce phœnix végétal semble à chaque saison renaître toujours plus vigoureux de ses cendres.*

---

(1) M. Charles Pictet de Genève.

Ce sentiment d'indignation contre le fléau de l'agriculture doit donc engager les propriétaires éclairés à prouver par l'exemple, au colon routinier, qu'il y a par-tout trop de terres cultivées en grains, trop peu en prairies; qu'en cultivant ainsi, le laboureur n'a en vue qu'une année ou deux de récoltes; qu'il travaille la terre sans projet et l'épuise par imprévoyance ; que les bestiaux d'une ferme n'étant point en rapport par le défaut de fourrages, les engrais s'y trouvent conséquemment en moindre quantité et qualité; que la terre, à proprement parler, n'est pas fatiguée de produire, mais de ne produire que des grains : en cet état de choses, l'on n'obtient que de chétives récoltes; un tiers du terrain en culture est voué à une honteuse inutilité; l'on manque de pailles pour faire les fumiers ; les prés s'appauvrissent faute d'engrais; les bestiaux sont faibles, maigres et en petit nombre; le colon n'a point d'avances ; la culture est languissante, imparfaite, et la misère produit la misère.

Il est donc démontré qu'avec un plan mieux entendu, les bestiaux, les engrais en grand nombre, le fermier remplira le gueret destiné à la jachère, qu'il y recueillera du trèfle, de la luzerne et du sainfoin, ou enfin toute autre plante fourrageuse analogue au sol, à la température où il se trouve placé : avec de semblables directions et des procédés aussi certains, l'homme des champs obtiendra au moins autant de grains qu'il en aurait eu avec la jachère; ses capitaux de bestiaux seront plus que doublés, ses fumiers en proportion ; et par l'abondance, le concours des uns et des autres, il aura obtenu un accroissement de capitaux, d'aisance et de satisfaction.

Par tout ce qui précède, il est évident que l'établissement des plantes fourrageuses deviendra, pour le cultivateur, la corne d'abondance ; car tout se tient en agriculture, comme dans tout ce qui existe : par là même que les fourrages se multiplient, les bestiaux deviennent plus nombreux et mieux portans, les engrais augmentent en masse et en efficacité; les greniers se remplissent, les terres s'émondent et se disposent à la fertilité, enfin la jachère disparaît, et, avec toutes ces améliorations, les récoltes et les produits sont plus considérables.

SECONDE PARTIE.

Bonne culture par l'établissement des trèfles, sainfoins et luzernes, convenablement cultivés.

Le point le plus important pour la formation des prairies artificielles est de bien connaître la nature du terrain que l'on cultive, sa texture et ses principes constituans, pour ne lui confier que les graines des plantes qu'il pourra le mieux nourrir. Par exemple, une plante trouvée au sommet d'une montagne prospérera infiniment mieux sur les hauteurs, comme celle de la plaine et des marais réussira de préférence dans les terres basses et mouilleuses. Cette règle cependant entraîne des exceptions, car avec des soins et des préparations convenables, certaines plantes parviennent à leur période dans toutes espèces de terres et dans toutes les situations; d'après le principe que l'expérience sanctionne, je crois assurer le succès du trèfle,

du

du sainfoin et de la luzerne, sur les divers terrains qui composent la partie cultivée et cultivable du territoire français, à peu d'exceptions près ; c'est-à-dire , qu'en général (les terres humides non comprises) les parties situées à mi-coteau et dans la plaine conviendront de préférence à la culture de la luzerne, comme l'esparcette ou sainfoin réussira bien mieux dans les parties hautes et moyennes ; le trèfle, à l'aide du gypse ou plâtre, traité sur-tout avec les procédés particuliers au succès de cette plante vivace bisannuelle, s'accommodera en général de toutes les espèces de terres : c'est pour cela que la culture du trèfle s'est généralisée dans presque toutes les situations, toutes les localités, et que par-tout cette plante fait partie des assolemens utilement employés.

Je vais successivement et brièvement parcourir les détails relatifs à la culture des unes et des autres de ces trois plantes ; beaucoup d'autres réussiraient sans doute sur le même sol , telles que la grande et petite pimprenelle, *poterium sanguis orva*, le reygras, le fromental, *avens elatior*, toutes les espèces de vesces, gesses ou pesettes; mais aucunes, à mon avis, n'atteindront plus efficacement le but du cultivateur, nulles ne rempliront plus amplement ses granges, ses écuries et sa bourse.

La meilleure comme la plus utile préparation à donner aux terres destinées à recevoir les graines des plantes fourrageuses, celles sur-tout qui pivotent, c'est de les ouvrir en les labourant, les hersant, et à plusieurs reprises, avant l'ensemencement, afin de faciliter l'étendue des racines et de soumettre aux actions de l'air les parties du sol ainsi pulvérisé.

La graine du trèfle, *trifolium purpureum perenne* (1). Cette graine veut être semée épaisse, environ vingt-cinq livres par arpent (mesure de Paris), ainsi que celle de la luzerne et du sainfoin, par la raison que, malgré toutes les précautions convenables,

(1) Sous ce nom générique j'entends parler de toutes les espèces connues, mais plus particulièrement du trèfle de Flandre, trisannuel à fleur pourprée, nommé vulgairement *triolet*, celui qui est le plus universellement cultivé.

il est difficile d'obtenir les graines de ces plantes, ces dernières sur-tout, ordinairement assez mûres; ces espèces de graines veulent être semées à la volée, par un temps humide et chaud, sur une récolte de printemps (1), orge ou avoine, de préférence sur cette dernière, arrosée, si le moyen est praticable, immédiatement après la levée du plan, afin de mettre ces jeunes pousses privilégiées en état de croître au plus vîte, et de s'emparer exclusivement du sol, et d'étouffer ainsi, par leur propre végétation, toutes les herbes nuisibles.

Cette plante, qui a fait des miracles en agriculture, à laquelle des provinces entières doivent leur régénération agricole, par l'abondance de ses produits, par leur bonté, leur convenance aux bestiaux, et comme fourrage sec, et avec certaines précautions comme nourriture au vert (2); cette plante,

---

(1) En automne sans inconvénient dans les pays méridionaux.

(2) Le spécifique, employé par M. Bourjelat contre le gonflement, consiste à donner à une vache ou à un bœuf une once de sel de nitre, délayée dans un verre d'eau-

dis-je, porte avec elle ce double avantage, et celui, non moins précieux, de préparer admirablement la terre pour recevoir et féconder les grains ; le chevelu de sa racine, les menues feuilles qui, de la tige se détachent et se répandent au moment des fenaisons sur la surface du sol, sont autant de moyens fécondans, lorsque par l'effet des défrichemens ou des labours, ces matières substantielles sont renfermées pour fermenter dans le sillon : la courte durée de cette plante, en rendant le labourage, l'écobuage plus faciles, laisse au laboureur l'espoir d'obtenir plus tôt et plus souvent de magnifiques récoltes en grains.

Le meilleur engrais à employer sur le trèfle est sans contredit le gypse ou plâtre cuit et pulvérisé, employé en temps humide, environ quatre quintaux par arpent, et au printemps les débris de construction ; voilà les stimulans les plus efficaces pour ce fourrage et pour tous les prés en géné-

---

de-vie : en quantité moindre aux autres bestiaux ruminans et toujours proportionnellement à leur grosseur.

ral ; mais ce dernier, ainsi que les fumiers, terreaux et composts, doivent être émiétés sur les prés pendant la saison de l'arrière-automne.

Le trèfle, comme toutes les autres plantes des prés, est rarement fauché à propos; l'époque de le couper doit au surplus varier en raison du climat, des localités et des circonstances du temps; il faut être exercé par l'expérience pour juger bonnes, et la maturité relative, et la dessication des herbes : trop mûres, les plantes les moins propres à servir de fourrages, s'égrainent dans les prés et les épuisent; car il est bien reconnu que la terre, par la végétation, s'enrichit au lieu de s'épuiser, tant que celle-ci s'opère principalement par les feuilles, mais qu'au contraire la formation et la maturité des semences ou graines, sont extrêmement épuisantes pour les prés comme pour les champs. L'application de ce principe au règne animal, rend la chose encore plus sensible. La reproduction de ces graines ainsi disséminées, finirait sans doute par dominer dans le pré et faire disparaître les germes des autres plantes plus précieuses et plus appétissantes : coupé trop vert, ce fourrage perd considérablement par l'évaporation, il n'a plus ni une consistance, ni une sapidité utile et agréable aux bestiaux; trop humide, il éprouve une grande fermentation, il s'altère et perd sa qualité.

La pratique la plus utile consiste à couper le trèfle, sainfoin et luzerne, ainsi que la plupart des plantes des prés, lorsqu'elles sont en pleines fleurs, ou du moins lorsque les premières gousses des graines commencent à posséder les germes laiteux de la granification : le trèfle ainsi coupé, on le laisse sécher en andains, au point de pouvoir supporter qu'il soit mis en tas sans se pourrir; il peut demeurer dans cet état pendant cinq et six jours; les pluies de peu de durée ne lui font aucun tort.

Il y a un avantage notable dans cette méthode; la plante sue dans le tas, et lorsque l'on veut resserrer ce fourrage, il suffit de l'exposer pendant quelques heures au soleil : il restera vert; ses feuilles et ses fleurs ne se sépareront point de la tige, comme cela arrive lorsqu'il a été séché à la manière ordinaire; on évite ainsi, sans augmenter le travail, la perte de la partie la plus substantielle, et la plus savoureuse de la plante, et l'on se procure du meilleur fourrage.

Cette observation, quoiqu'en apparence minutieuse, est plus essentielle qu'on ne pense, et doit s'étendre sur les fenaisons en général.

Le sainfoin, esparcette ou pelagra, *onobrychis foliis viscicæ folliculis echinatis major, floribus dilate rubentibus*, réussit presque sur toutes les espèces de terres, de préférence cependant sur les calcaires, crayeuses, marneuses, caillouteuses ou graveleuses; mais si la racine de cette plante qui pivote, vient à atteindre une base humide, elle dépérit : elle prospère également dans les luts profonds, pourvu qu'ils soient secs; dans toutes, au reste, le sainfoin demande un sol ameubli; les plantes d'esparcette que l'on trouve communément sur les hauteurs, dans les coteaux, dans la plaine, sur des terres non cultivées, sont un avertissement de la nature, qui nous invite à propager cette plante indigène. Comme la graine du trèfle, celle du sainfoin doit être semée à la volée et épaisse, environ quatre quintaux par arpent, et dans une récolte de printemps, mieux sur l'avoine, avec la précaution de couper celle-ci en vert, si des pluies salutaires viennent mouiller le plan bientôt après sa levée.

Le meilleur engrais à employer sur le sainfoin est aussi le plâtre cuit, distribué par un temps humide dans la saison du printemps; les débris de construction, les fumiers pourris à l'eau de chaux, les balayures des rues, des chemins ou recurement des fossés, mis en contact et fermentés avec de la terre vierge pour faire un *compost*, sont des moyens fécondans, placés sur les prés pendant l'arrière-saison de l'automne. La poudrette, le tan, les cendres de tourbes et autres, la suie employée avant l'hiver, sont autant de substances actives pour raviver les prés, surtout pour ceux qui s'arrosent; car il faut être avare de la distribution de ces sels sur les prairies non arrosables. Ces engrais dévoreraient au lieu de féconder; mais cet inconvénient est bientôt atténué, lorsque, comme je le recommande, cette amélioration s'effectue à l'époque des pluies et des neiges avant-coureurs de l'hiver.

L'admirable qualité de ce fourrage rend cette récolte extrêmement précieuse; elle veut être aussi coupée en pleines fleurs, resserrée dans les granges ou mise en perches en plein air, selon l'usage des localités, comme il a été dit pour la culture du trèfle; l'esparcette récompense amplement le laboureur de ses avances et de son travail; tous les bestiaux la recherchent avec avidité, elle leur est très-salutaire; cette prairie dure cinq, six, sept et huit années : pendant tout ce temps la terre s'enrichit d'un utile repos, la fraîcheur que l'herbe y retient la pénètre, le travail des récoltes successives l'affermit, les feuilles qui se détachent des tiges y pourrissent, et après le défrichement les plantes et les racines retournées y déposent un nouvel engrais : ainsi, par cette bonne opération, le sol se trouve vraiment renouvelé et propre à porter des grains, des légumes, des tubercules ou toute autre plante au choix du laboureur.

Il résulte donc de ce que j'ai dit, que le sainfoin est une plante du plus haut prix comme plante fourrageuse, mais aussi par son influence sur les récoltes qui lui succèdent, puisque les terrains les plus stériles, c'est-à-dire, ceux qui sont le plus à sa convenance, se trouvent métamorphosés par lui en champs féconds.

Les terres qui tiennent l'eau sont contraires à la végétation de la luzerne (*medica*), c'est-à-dire, plante, suivant Pline, apportée en Grèce par les Mèdes, pendant les guerres de Darius; les sols tourbeux, les graviers humides, les glaises en général ne sont pas propres à l'ensemencement de cette plante; il lui faut des terres profondes et riches en substances, friables, soit graveleuses ou sablonneuses, ou mieux encore terrains d'alluvion; les climats froids ou chauds ou tempérés sont à peu-près à sa convenance.

La culture de la luzerne, *medicago sativa*, comme celle des deux plantes vivaces que je lui ai associée, exige que le sol qui la reçoit soit parfaitement remué et émondé; il convient donc de faire précéder l'ensemencement d'une luzernière par la culture des racines, tubercules ou toutes autres plantes, qui exigent une forte dose d'engrais, des labours profonds et répétés, et sur-tout un émondement et des sarclages bien soignés.

La graine de la luzerne veut aussi être semée épaisse, environ vingt-cinq livres par arpent dans une récolte de printemps, surtout dans un climat froid et au mois de mai; le jeune plan de luzerne, dans les premiers temps de sa levée, craignant beaucoup les gelées blanches; elle veut, dis-je, être semée épaisse pour deux raisons principales; la première, pour donner au jeune plan le moyen d'étouffer les herbes nuisibles; la deuxième, pour empêcher que la luzerne, bien vivace de sa nature, ne produise de trop fortes tiges, des racines trop membreuses; ce qui, d'une part, nuirait à la qualité du fourrage, et de l'autre, rendrait l'écobuage ou défrichement plus difficile et plus coûteux.

L'expérience prouve qu'un arpent de luzerne bien cultivé, dans un terrain convenable, rend ordinairement autant que trois arpens d'autre fourrage : cette plante veut être arrosée, mais plus souvent dans un terrain léger, et à chaque recoupe au même point.

L'avantage caractéristique de la luzerne comme du sainfoin, ce qui les distingue de toutes les autres productions en herbages, c'est qu'ils tirent leur nourriture des couches inférieures à celles dans lesquelles la végétation exerce le plus communément son activité; la luzerne sur-tout possède éminemment cet avantage : l'une et l'autre de ces plantes amènent par leur manière de végéter tout à la surface, et ainsi des substances qui, sans cette opération, auraient été perdues, profitent à l'agriculture et au laboureur.

Les mêmes engrais que pour les autres plantes ci-dessus, les mêmes soins, les mêmes précautions pour l'époque des fenaisons et le resserrement des fourrages (1).

(1) L'on doit être avare d'engrais sur les jeunes luzernières; l'expérience a démontré que des sucs trop nourrissans nuisaient aux premières pousses.

D'après ces détails, il paraît constant, 1.° que la pratique des prairies artificielles doit être mise à la tête des moyens employés pour établir le meilleur système d'assolement connu, qu'il dédommage amplement le colon de ses peines; 2.° que la culture du trèfle, de l'esparcette et celle de la luzerne, doit avoir un plein succès dans les portions corrélatives et analogues du territoire de la France, et dans la proportion d'un quart au moins des terres cultivées, soit en corps de domaine, soit en propriétés particulières et morcelées ; 3.° que notre sol, protégé à tant d'égards par la nature, augmentera ainsi, et d'une manière étonnante, la masse de ses produits ; que nos contrées, éminemment favorisées, et par le climat et par l'industrie de ses habitans, déjà assez riches en vins, en grains, en fruits, en tubercules et en plantes oléagineuses, le deviendront bien plus encore par l'abondance des fourrages, et avec eux par la multiplication des bestiaux, des engrais et de tous leurs féconds résultats; et que l'agriculture, ainsi dirigée, recouvrera son lustre primitif, sur-tout à une époque régénératrice, qui nous assure cette heureuse paix, sous laquelle l'agriculteur se livre avec abandon, et ne craint plus de confier sa fortune à l'entreprise la plus honorable, comme la plus utile, celle d'améliorer son sol, d'en augmenter les produits, et de faire ainsi le bien général avec son avantage particulier. Ce bien, c'est l'ame du Monarque qui l'inspire..... Pourrions-nous en douter aujourd'hui!....

FIN.

PARIS. De l'Imprimerie de P. N. ROUGERON, rue de l'Hirondelle, N. 22.

www.ingramcontent.com/pod-product-compliance
Lightning Source LLC
LaVergne TN
LVHW052019160826
845678LV00003B/1109

* 9 7 8 2 3 2 9 6 5 3 9 0 7 *